AF348271

A TOUS LES PARTIS (1).

QUATRIÈME LETTRE

SUR L'EURYTHMIE

OÙ

LA DÉCUPLE PRODUCTION

COMME MOYEN DE SATISFAIRE ET DE CONCILIER TOUT LE MONDE

PAR QUEST, CULTIVATEUR,

Paysan de Bruyères-le-Châtel (Seine-et-Oise), ancien Grenadier.

SUITE DES MELONS.

LE NOUVEAU FRONTON DE SAINTE-GENEVIÈVE.

> Venez à moi, vous tous qui souffrez, et je
> vous ranimerai (St. MATTH. XI, 28).
> Ce que l'on pardonne le moins, c'est de dire la vérité.

Le soleil avait disparu sous l'horison; les cloches dont la voix funèbre avait annoncé depuis la veille la commémoration des morts, les cloches avaient cessé de se faire entendre, et déjà leurs vibrations s'étaient perdues dans les airs, comme le dernier souffle des trépassés dont elles venaient de rappeler le souvenir, lorsque revenant des tombes de mes proches, où j'étais allé en famille, et songeant à CHARLES FOURIER, dont la terre venait de recevoir la dépouille mortelle, je fus accosté par quelques-uns des camarades avec lesquels je m'étais entretenu le jour de nos élections de la Garde nationale.

Capitaine, me dire ceux-ci, si nous avons bonne mémoire, vous nous avez promis des détails sur le nouveau fronton de Sainte-Geneviève de Paris; aussi sommes-nous

---

(1) Au moment où de la meilleure foi du monde, sans aucun doute, et en présence des représentans de toutes les opinions, le Roi, dans un discours où se glissent d'ordinaire quelques mots sur notre agriculture, le Roi vient présenter le tableau de nos progrès et de notre prospérité, on trou-

envoyés par nos anciens qui sont en ce moment à l'enseigne *des Droits de l'homme*, chez Bastien le cabaretier, pour vous dire, si toutefois cela vous arrangeait, que ce soir, à sept heures, il y a partie prise de se rendre à la veillée de la Simonette, en face de l'église, tout proche le cimetière, afin de vous entendre. Pour la première fois de l'année, on prend aujourd'hui la lumière, si les femmes sont nombreuses, comme l'étable est grande, nous y tiendrons encore bien aisément une trentaine, cela vous va-t-il? A merveille, mes camarades: je rentre à l'instant chez moi et vous pouvez compter qu'à l'heure dite, je me trouverai au rendez-vous. Et m'étant présenté là à sept heures précises, et après avoir lu, à la demande de l'assemblée, ma troisième Eurythmique, je repris ainsi la conversation au point où nous l'avions laissée le jour de nos élections.

Me trouvant à Paris, vers la fin du mois d'août dernier, je voulus voir les deux choses les plus nouvelles alors, et dont tout le monde s'entretenait; c'était le chemin de fer de Saint-Germain et le nouveau fronton de Sainte-Geneviève. Quel dommage, mes amis, que notre vieux château de Bruyères-le-Châtel, où fut bercé saint Louis, ne soit pas demeuré maison royale! on en aurait fait sans doute un pénitentier, tel que celui qu'on a établi dans le château où naquit Louis XIV! et si c'est là le motif qui a déterminé le tracé de ce chemin, en outre que nous pourrions voir ici prisonniers quelques-uns des nôtres, pour avoir vendu leurs bottes ou leur bonnet de police, ou bien encore pour avoir dit à leur caporal qu'il était un *Jean tout à droit*, nous aurions la facilité d'aller contempler en peu de temps le nouveau fronton dont on a décoré l'église de la patronne de Paris (1), ce qui est chose non moins curieuse qu'elle est instructive. Il y avait bien sur la place quelque trois cents personnes, qui toutes regardaient ce bas-relief, les unes en silence, les autres en causant entre elles. Au milieu d'un groupe, je

----

vra peut-être curieux de rapprocher le langage de la Couronne de celui du Paysan de Bruyères, qui s'appuie sur la production du sol, pour démontrer et la nullité des institutions politiques comme moyen de concilier tous les intérêts, et l'évidence de bouleversemens prochains et inévitables qui sont la conséquence des moyens pris par les différens partis qui tour à tour ont eu le pouvoir. C'est qu'en effet, à toutes les époques, les révoltes, les révolutions, les renversemens et les changemens de gouvernemens ont été précédés par le manque de production, tandis que le peuple a toujours été paisible lorsque l'abondance lui a procuré le pain de chaque jour.

Or, quand l'assurance d'un morceau de pain sec suffit pour attacher le peuple à ceux qui le gouvernent, quel ne serait pour ceux qui, loin que portent dans la culture l'ordre et l'organisation appliqués à des travaux bien moins utiles, ils pourraient ajouter à ce morceau de pain sec, nourriture unique des dix-neuf vingtièmes de notre population, tous les produits que l'intelligence humaine et ses travaux ont mission de faire surgir d'une terre dont tous nos besoins et tous désirs, quelque immodérés qu'on les imagine, ne sauraient tarir la fécondité, puisque, semblable à la bonté divine dont elle émane, plus cette fécondité s'épanche et plus elle surabonde.

(1) *Voir note 1re de la troisième Lettre sur l'Eurythmie.*

vis un homme que je reconnus de loin pour un ancien militaire, bien qu'il fût vêtu d'une blouse. En m'approchant, j'aperçus que je ne m'étais pas trompé; cet homme était mutilé de tout son corps; il était manchot et avait un œil de moins ; de plus , un coup de sabre lui avait laissé une profonde cicatrice sur le visage, et l'une de ses jambes, qui était comme tordue, ne lui servait d'appui qu'au moyen d'une jambe de bois sur laquelle il reposait son genou. Cet homme parlait bien et s'énonçait avec feu malgré son âge avancé; je sus bientôt qu'il avait assisté à presque toutes les actions dont le noveau fronton rappelait la mémoire. Il exprimait avec cet enthousiasme d'un vieux brave et qui me parut naïf, comment la Patrie reconnaissante récompensait ceux qui avaient bien mérité d'elle, en leur distribuant ces couronnes tant soit peu dures, qu'on n'oublie jamais de faire tresser sur les monumens publics par des Libertés très-bien sculptées, et comment le nom des lauréats se trouvait inscrit en lettres d'or, dans l'intérieur du monument devant lequel nous nous trouvions. Chacun des auditeurs du bon vieux militaire l'avait écouté avec attention , surtout de jeunes étudians dont les yeux s'étaient animés au récit des combats où cet homme s'était trouvé. Mon ancien , lui dis-je, vous venez de nous expliquer comment la Patrie qui est là haut récompense les soldats de pierre qui sont à côté d'elle, ces soldats qui n'ont pas une seule égrati-gnure ; dites-nous donc , je vous prie, ce que la véritable Patrie a fait pour vous, qui pour son service, avez été mutilé de toutes les parties de votre corps; hélas ! répondit-il , bien peu de chose! J'ai servi vingt-deux ans, j'ai traversé les mers, j'ai vu l'Égypte et Saint-Domingue, j'ai parcouru l'Europe entière, j'ai sur le corps plus de trente blessures graves reçues en autant de combats, et cependant de tant de batailles où j'ai assisté, je n'ai eu d'autres récompenses que les hôpitaux. La retraite qui m'a été allouée et avec laquelle je ne pourrais pas vivre, si un mien cousin devenu mon beau-frère, ne m'avait retiré chez lui par amitié, la retraite que j'ai si chèrement acquise, ne s'élève pas à deux cents francs!..... Quant à mon patrimoine, je n'en avais plus à espérer ; mon père avait été guillotiné comme aristocrate, après avoir été ruiné par le maximum , et ma mère, ma pauvre mère, était morte de chagrin et de misère sans que j'aie pu ja-mais la revoir ! à ces mots une larme s'échappa de la paupière du vieux troupier, qui, après avoir cherché inutilement, et seulement par habitude, un mouchoir qu'il n'avait pas, refoula cette larme avec la paume de la main. Le moment d'enthousiasme avait fait place chez ceux qui écoutaient l'infortuné vieillard, à un sentiment de compassion, et chacun de nous se retira en silence et le cœur serré.

Je réfléchissais à la malheureuse destinée de cette multitude d'hommes qui, comme celui que je venais d'entendre, n'avaient eu que la misère en partage pour prix de leur coopération à des travaux guerriers, qui, pour avoir ouvert les voies de la richesse ou de la gloire à quelques rares exceptions avaient créé une foule innombrable de victimes de tous sexes et de toutes conditions, quand tout-à-coup, ce fronton que j'avais continué à examiner, je le vis s'élargir dans toutes ses parties, et les personnages qu'il contient je les vis s'animer, puis agir comme s'ils eussent été vivans, ce qui fut une sorte de mirage de mon imagination, bien entendu. Étonné d'un tel prodige, je demeurais immobile, lorsqu'à un signe que fit la Liberté à ceux qui l'entouraient, ceux-ci d'une voix retentissante se mirent à crier aux armes!..... Et ce cri se prolongea en se répétant d'échos en échos sur tout le territoire de la France, et je vis chacun courir aux armes en abandonnant la charrue ou le métier qui le faisait vivre avec sa famille. Il ne fut pas jusque sur les degrés du trône, d'où je ne visse de jeunes princes voler aux combats!..... Mais au même instant et de tous les côtés à la fois, par une multitude couverte de haillons, je vis amener quelques hommes et quelques femmes qu'on appelait privilégiés, et dont les vêtemens étincelaient d'or et de pierreries, et ces personnages étaient amenés devant un petit nombre d'autres hommes en assez piteux équipage, qui s'efforçaient de leur faire comprendre qu'il ne devaient y avoir de priviléges pour personne, parce que les humains étaient égaux, ce qu'ils ne croyaient pas eux-mêmes. Et en conséquence de cela, on ôtait aux privilégiés d'abord leurs titres, puis leurs décorations, puis leurs rangs, puis leurs propriétés, puis enfin d'après l'ordre des gens en assez piteux équipage, ils étaient dépouillés des pieds à la tête et souvent débarrassés de cette dernière; âge ni sexe, mérite ou talent ne faisaient rien à la chose, on n'avait pas le temps d'y regarder de si près.

Comme les dépouilles des privilégiés avaient été mises en réserve, je pensais qu'elles allaient être partagées également entre les frères en haillons et ceux en assez piteux équipage: il n'en fut rien. Il était évident pour les plus éclairés que les manteaux des privilégiés, eussent-ils été dix fois plus amples, il n'y avait pas de quoi faire pour chacun des plus nécessiteux un doigtier ou plutôt une capote dans le genre de celles qui furent présentées à Sancho Pansa lorsqu'il était dans son gouvernement. On se contenta donc de donner à ceux-ci des morceaux de papier sur lesquels étaient inscrites les plus brillantes promesses, tandis que les hommes en assez piteux équipage pensaient au contraire qu'en changeant la façon des vêtemens de ces privilégiés, ils s'en affubleraient. Mais ils comptaient sans leur hôte; car parmi cette multitude en haillons, il y en avait un certain nombre qui trouvait que ces dépouilles lui irait aussi bien qu'à d'autres: et ces deux sortes de spéculateurs se servaient tour à tour du reste de la multitude pour s'arracher les uns aux autres les lambeaux de cette curée.

Pendant ce temps, ceux qui avaient couru aux armes s'étaient rassemblés, entraînés qu'ils étaient par l'enthousiasme que leur inspirait la Liberté, et quatorze armées formidables s'apprêtaient à repousser dans l'intérieur et aux frontières les efforts de leurs adversaires qui étaient aussi braves et non moins résolus qu'eux. Et voyant qu'animés les uns contre les autres, sans avoir réfléchi aux motifs qui les faisaient agir, tant d'hommes allaient s'égorger, je voulus arrêter l'effet de leur rage en leur représentant l'inutilité des meurtres qu'ils allaient commettre dans l'espoir de devenir plus heureux. Qui vous divise, voulais-je leur dire, la couleur de vos drapeaux? Hé bien, au lieu de vous combattre et en vous massacrant, en massacrant vos pères, vos mères, vos frères, vos sœurs et vos enfans, en ravageant leurs terres, en brûlant leurs maisons, au lieu d'augmenter ainsi la misère commune, réunissez-les ces couleurs qui vous divisent, n'en faites plus qu'un étendard qui sera pour vous comme l'arc qui brille aux cieux, et sous ce signe de votre alliance, travaillez au lieu de détruire! Cette terre sur laquelle vous vous rassemblez pour l'abreuver de votre sang, que vous produira-t-elle après les combats? des épines et des ronces, puis la faim, puis la fièvre, puis les pestes, puis les redoublemens de misère; tandis que si vous vous réunissiez pour le travail, ce que vous cherchez à vous ravir les uns aux autres au péril de votre existence, vous serait donné et bien au-delà de vos besoins. Est-ce avec le fer des baïonnettes qu'on creuse des sillons? Souvenez-vous que la sueur du travail peut seule engraisser cette terre sur laquelle vous allez vous égorger, tandis que votre sang n'y peut faire moissonner que des regrets! Mais j'étais demeuré sans voix; je voulus leur exprimer mes pensées par des signes, et il me fut impossible de faire aucun mouvement. Et je vis d'abord trois millions de ces hommes se livrer une multitude de combats acharnés, où tour à tour vainqueurs et vaincus, chacun à qui mieux mieux et par enthousiasme et par dévouement à la cause qu'il avait embrassée, déployait ce que la nature lui avait donné de force et d'intelligence pour anéantir le plus grand nombre possible de ses semblables, et puis après que ces trois millions eurent été exterminés, sauf quelques-uns, qui dans la simplicité de leur cœur étaient restés là pour servir de levain à de nouvelles exterminations, trois autres millions suivis de plusieurs fois trois millions encore, s'avancèrent tour-à-tour vers ces champs du carnage et de la mort, qu'on avait appelés ceux de la gloire et de l'honneur, quand de toutes parts s'élevaient comme des nuages les vapeurs pestilentielles qui s'échappaient de tant de cadavres.

Et partout je voyais le sang couler à flots; partout je voyais la faiblesse à la merci de la violence; partout je voyais les vieillards massacrés, les femmes violées et éventrées, les enfans portés à la pointe des baïonnettes! puis je voyais les chaumières incendiées, les routes défoncées, les ponts détruits, les villes rançonnées, l'agriculture ruinée, le commerce anéanti. Et quoique frémissant d'horreur à la vue de tant de meurtres et de ravages auxquels j'avais fini par prendre part, je contemplais avec une avidité inquiète ces scènes de destruction..... Et le carnage dura des heures, puis des jours, puis des mois, puis des ans; et partout j'entendais les plaintes des vieillards, les gémissemens des épouses, les cris des enfans, ceux des blessés et le râle des agonisans! Et partout aussi, à l'annonce de tant d'horreurs, je voyais l'encens brûler sur les autels du Dieu de bonté (1) et j'entendais dans toutes les langues les actions de grace que l'on

____

(1) Théodose ordonne le massacre de Thessalonique; saint Ambroise lui refuse l'entrée de l'église. Pourquoi, de nos jours, lorsque des villes sont prises d'assaut, nos prélats chantent-ils des Te Deum et complimentent-ils les princes? ce qui n'est pas toujours profitable aux uns et aux autres! Est-ce que nos prélats tiendraient plus à la lettre qu'à l'esprit de l'Évangile? La lettre tue..... en voici la preuve : Le préfet de police fait placarder sur les murs de Paris une ordonnance avec ses considérans, approuvé, vu, etc., etc., relative aux enfans trouvés. On aurait pu croire que M. de Quélen, le père né de tous les malheureux, s'appuyant sur ces paroles : laissez

rendait au Seigneur (1 , et qui étaient d'autant plus solennelles que, dans ces boucheries humaines, le nombre des victimes avait été plus considérable! et les organisateurs de tant de fléaux, qui ne voyaient pas qu'ils n'étaient que les instrumens d'un milieu social qui ne pouvait enfanter qu'erreur et déception, se disputaient la gloire cruelle d'y avoir le plus contribué, lorsqu'ils virent leurs noms condamnés à l'oubli, car ils furent éclipsés par celui d'un étranger qui précédait quelques soldats, dont le dernier, un tambour seul était connu. Et ceux-là qui, par leurs sanglantes actions croyaient marcher les premiers à l'immortalité, se mordaient les lèvres et concentraient leur rage en eux-mêmes.

Mais bientôt la scène changea : la Patrie couverte d'un voile funèbre reparut au milieu du fronton. A sa droite, sur un registre en partie double, l'Histoire inscrivait à PROFITS ET PERTES de tous les peuples, le nombre des victimes et des ravages causés par les révolutions et les conquêtes, ainsi que les progrès avortés, les sommes payées pour causer leurs malheurs, et aussi celles qu'ils auraient obtenues du travail productif des troupes qu'ils avaient soldées pour détruire. A la gauche, et accroupie auprès d'une mare où un sang fumeux annonçait qu'il avait conservé un reste de chaleur, la Liberté assouplissait les liens qui lui servaient à tresser des couronnes de cyprès qui élevaient leurs cimes pyramidales à de grandes hauteurs, partout où la terre avait été abreuvée de sang humain. Et à la place de la croix d'or que j'avais vu briller au-dessus

------

venir à moi les enfans : ou bien : qui d'entre vous est sans péchés..... allait fulminer contre une mesure inhumaine, honteuse pour notre époque, et qui dénature l'institution bienfaisante de saint Vincent de Paule, en livrant de faibles et innocentes créatures et leurs mères infortunées à toutes les séductions de la misère et de ses effets. Monseigneur l'Archevêque de l'un des plus grands foyers de la civilisation, de la ville des progrès, où l'on dégrade les institutions établies en faveur de la faiblesse, de l'innocence et de la misère, quand, par philantropie, on conduit les galériens dans des voitures garnies de coussins élastiques, Monseigneur pourra. . . . . le patrimoine des pauvres, celui de l'innocence, celui des enfans trouvés et de leurs malheureuses mères! . . . .

Qu'on ne pense pas que la religion soit muette chez toutes les créatures humaines! Il en peut être chez qui le fiel ou le gézier l'emporte sur le cœur, mais il en est d'autres aussi qui savent compatir à la souffrance, et l'on a lieu d'espérer que l'antique clergé de France, qui nous a laissé à toutes les époques des modèles si parfaits de charité, ne sera pas le dernier, lorsqu'on sape dans leur base les œuvres de ses saints et de ses confesseurs, à élever sa voix en faveur de l'innocence et de l'infortune.

(1) Ce qui, du reste, n'est pas changé, comme on l'a pu voir par la prise de Constantine..... On a pris Constantine; il vaut mieux cela certainement que d'avoir perdu notre armée. Mais que retirerons-nous de cette prise? Ceux qui n'ont pas de pain, en auront-ils? Ceux qui ne peuvent payer l'impôt ou le loyer, leur fera-t-on grace de leurs termes? Ceux qui sont nus, auront-ils des vêtemens? Les flammes qui se sont élevées de Constantine pourront-elles réchauffer ceux dont les membres seront transis en attendant l'aumône qu'on leur jettera avec les ordures de

(7)

de l'édifice , était une figure de plomb faite des ustensiles arrachés par le fisc au malheureux qui n'avaient pu payer le tribut. Et cette figure on l'appelait la Renommée;
et cette Renommée, au moyen de sa double trompe, fit savoir à tous les ayant-droit
que la Patrie reconnaissante allait récompenser ceux qui avaient bien mérité d'elle.

Et au bruit de sa double trompe, je vis s'avancer Voltaire et Rousseau suivis d'une
foule d'autres. Et l'un deux portant la parole dit : Comme tous les amis de la sagesse de
tous les temps et de tous les pays, nous avons tous parlé sans jamais nous entendre sur
les causes des malheurs des peuples, que tous nous avons voulu éclairer. A la lueur des
flammes qui s'élèvent en ce moment des chaumières où nous avons fait luire le flam-
beau de la vérité, tu peux voir, ô Patrie ! le résultat de nos travaux. Et la Patrie
leur donna à tous des couronnes où pendaient les gouttes de sang figé qui restaient
après les liens dont les feuilles de cyprès étaient attachées. Puis vinrent les orateurs;
Mirabeau était à leur tête. J'ai, dit-il, contribué avec mes honorables collègues , à
détruire les anciennes institutions qui régissaient la France, à ébranler le trône, à
jeter la défaveur sur la royauté, et cela par amour pour les amis de la sagesse qui
viennent d'être couronnés par toi, noble Patrie ! De plus , j'ai démontré victorieuse-
ment que 1,400 ans de possession ne suffisaient pas à des propriétaires pour conserver

---

bals qui seront donnés à l'occasion de cette capture? A quoi nous servira donc la prise de Constantine ? A venir peut-être au secours des douze mille nécessiteux pour lesquels M. le Maire du
douzième arrondissement de Paris en appelle à la charité des habitans de la capitale ! La guerre,
ont dit les gazettes, a apparu à Constantine avec son cortége effroyable et dans toute son horreur ! Qu'en résultera-t-il? Les hommes, les femmes et les enfans qui ont péri nous attireront
sans doute l'amitié de ceux qui ont survécu! Et le brave Damrémont! et ses vaillans officiers dont
le courage a entraîné nos troupes! Et nos intrépides soldats qui ont trouvé la mort en les suivant! hélas!..... De tant de dévouement et de tant de vaillance; de nos pertes et de celles que
nous aurions pu avoir à déplorer encore; que retirerons-nous? De misérables guenilles qui ne
valent pas une seule goutte du sang répandu pour les obtenir, et qu'on suspendra dans l'église
des Invalides comme devant être fort agréables à Dieu, ainsi qu'on n'en saurait douter. Que retirerons-nous de Constantine? Rien que misères à ajouter à celles que nous avons retirées de l'Al-
gérie, et moyennant trois cents millions !..... La moitié de cette somme, employée en engrais, aurait donné trois milliards de produits ! Cosme de Médicis disait qu'avec une aune de drap fin i
faisait un honnête homme. Trois milliards de produits répartis sur les plus nécessiteux, qui son
les pourvoyeurs de nos prisons et de nos bagnes, en auraient fait des SAINTS! Il est vrai qu'on
n'aurait pas eu besoin de prisons-modèles !... Et puis, les épouses et les pauvres mères auraien
conservé ceux qui ont péri sur une terre où il faut autre chose que la violence pour faire arriver
ses habitans à d'autres lois que celles de la barbarie! Mais, pourquoi parler des mères? Ont elle
des droits sur le fruit de leurs entrailles! Pour échapper à la honte dont on a eu soin de les en
tourer, si l'une d'elles devient infanticide, elle monte sur l'échafaud!..... Mais ceux qui répanden
le sang de nos fils comme l'eau des fontaines, il n'y a pas de colonnes trop hautes pour élever
leurs statues!.....

leurs biens; de sorte que désormais, même sans garantie d'indemnité, aucun titre ne pourra être opposé à ceux qui tenteront de nouvelles révolutions. Et chacun des orateurs reçut la couronne. Puis les Girondins se présentèrent : l'un d'eux tenait par les cheveux la tête de Louis XVI. Ils s'approchèrent de la Patrie en tendant les mains, car leurs têtes étaient restées au fond du panier de la guillotine, et elles devaient servir au triomphe de ceux qui les suivaient; et ceux qui les suivaient étaient les Montagnards qui, faute de leurs têtes, montraient avec orgueil celles dont ils étaient chargés. Et ces têtes parmi lesquelles étaient le chef d'une reine de France, celui de la sœur d'un roi et la tête d'un duc d'Orléans, et ces têtes étaient celles d'une foule innombrable de personnes recommandables par leur rang et par leur mérite, et entre autres celle des Girondins. Puis vinrent les Thermidoriens qui contemplaient avec un reste de terreur les visages *blêmis*, mais encore menaçans, des redoutables Montagnards. Puis vint le Directoire avec ses listes de déportation. Et entre ces divers groupes qui marchaient avec ordre, j'en vis d'autres qui s'avançaient confusément, et traînant pour drapeaux des lambeaux de chair humaine. Et comme bordure à ce cortége d'égorgeurs de toutes les époques où se pressaient en foule les juges et les jurés des tribunaux exceptionnels se trouvaient confus, pêle-mêle et sans drapeaux, les misérables des catégories purement civiles, qui n'avaient assassiné que pour leur propre compte, et sous prétexte qu'ils avaient faim !...... Et je voyais ces assassins de différens genres énumérer la quantité de leurs victimes, dans l'espoir d'obtenir la récompense que méritait le bien qu'ils avaient cru faire à la Patrie. Et la Patrie reconnaissante leur distribuait à tous également les couronnes qu'ils avaient méritées, comme ayant agi suivant l'impulsion funeste qu'ils avaient reçu du milieu subversif où ils s'étaient trouvés ?...

Mais tout-à-coup la terre tremble, les bâtimens qui entourent l'édifice disparaissent, et la place qu'ils occupent devient une plaine immense, et cette plaine immense était la sépulture où le peuple venait déposer les restes inanimés de ses proches, sacrifiés en l'honneur de la Patrie. Et comme la quantité des morts était si grande que la terre ne les pouvait plus contenir, je vis bientôt leur nombre dépasser les socles des colonnes de cet édifice, puis atteindre peu à peu les chapitaux, puis surpasser de beaucoup les personnages devant lesquels venaient se presser tous ceux qui avaient pris part aux scènes de carnage et de dévastation qui venaient de s'offrir à mes yeux, de sorte que le monument m'apparaissait à travers cette multitude de cadavres comme une petite pendule sous une immense globe de cristal. Et alors il se fit un moment de silence et de halte, pendant lequel la Patrie considéra le nombre des enfans qu'elle avait perdus !... et ce nombre formait un monceau qui s'étendait bien au-delà de l'horison visuel ! ! !

Cependant d'un point imperceptible on vit bientôt arriver un guerrier qui foulait sous ses pas le monceau de cadavres sur lequel il avait été obligé de passer, pour arriver où les célébrités recevaient leurs récompenses. Et il eut une grande part à ces récompenses ; car des derniers rangs il s'était élevé au premier ; et de ce premier rang, il avait surpassé les plus grands conquérans du monde. Il avait gagné plus de batailles , vaincu plus de guerriers et soumis plus de peuples et de rois qu'eux ; comme aucun d'eux aussi n'avait levé plus de tributs , exécuté plus de travaux, fait tuer plus d'hommes , n'avait commandé d'aussi intrépides soldats , n'avait perdu d'aussi brave armée et ravagé plus de pays; car il réunissait à lui seul les diverses facultés qui avaient distingué les plus rénommés d'entre les destructeurs de la race humaine. Mais bientôt je le vis enchaîné au milieu des mers , tandis qu'apporté sur le monceau de cadavres par des étrangers qui l'aidaient à tenir la chaîne du prisonnier des nations , je vis son successeur établir une machine chancelante qu'il appelait représentative , bien qu'elle ne représentât rien que l'on ne connût déjà. Un peu de bien-être bien jalousé , bien contesté , pour quelques-uns et la misère pour tous les autres : et cette machine devait atteindre aux termes les plus reculés dans les âges futurs... Mais il n'en fut rien ; car au moment où le successeur de ce prince venait là pour y adresser des actions de graces au Créateur à l'occasion de scènes de carnages qui venaient d'avoir lieu en Afrique , par rapport à un coup d'éventail, tout à coup, à la suite d'une forte détonnation , je vis disparaître le prince avec ceux qui l'entouraient. Et, pendant trois jours, la possession de la machine représentative fut disputée entre des hommes du peuple en habits d'uniforme et d'autres hommes du peuple en habits d'ouvriers. Et ceux-ci étant demeurés vainqueurs , pour tout résultat de leur victoire , eurent pendant quelques jours la permission de vendre les dépouilles opimes des vaincus , tandis que d'autres hommes du peuple en habit bourgeois , et qui avaient fait ce qu'ils avaient pu pour amener la bataille , s'emparaient de la machine représentative ; et ces derniers sans plus , après avoir mis une pièce à cette machine , et en avoir changé le couvercle , s'étaient acheminés sur le monceau de cadavres, qui s'était encore augmenté des victimes du nouveau mécanisme politique , pour se présenter à la Patrie, convaincus qu'ils étaient d'avoir sauvé la France.

Halte-là , leur cria une voix ! Et cette voix sortait d'une mansarde où un vieillard usé par le travail et aigri par l'ingratitude de ses concitoyens était sur le point d'expirer ! ! ! Et cette voix disait : Où allez-vous , insensés !... Vous ne pressentez pas le sort qui vous attend ; et pourtant comme la pierre qui va toujours au tas , vos cadavres et ceux des vôtres sont les premiers qui doivent augmenter le monceau sur lequel vous marchez sans vous en apercevoir ! Hé quoi , lorsque vos devanciers ont été obligés de consacrer l'injustice et la violence , et que vous êtes forcés d'obéir à sa loi, vous croyez qu'on respectera vos institutions ? Détrompez-vous : comme celles de vos prédécesseurs les vôtres, qui sont les mêmes , pèchent par la base. Devrais-je vous dire que quand les pieds ont froid c'est la tête qui s'enrhume ! Apprenez la loi du contact d'extrêmes , si vous l'ignorez.... Quoi ! vous établissez que tous sont égaux devant les lois que vous faites, que tous sont admissibles à tous les emplois , et vous n'avez qu'un petit nombre de ces emplois à distribuer à quelques élus ! Quoi , en face de ces égaux affamés, de ce peuple souverain dont les dix-neuf vingtièmes vendraient leur souveraineté pour l'assurance d'un pauvre morceau de pain le reste de leurs jours, quoi vous élevez un trône sur lequel vous placez une couronne et des dignités , et vous ne voyez pas que cette couronne, ces dignités sont comme les pièces d'orfèvrerie qu'on suspend aux mâts de cocagne, ou plutôt que celui qui a assez de dévouement pour se prêter à vos folles expériences, est comme ces cibles sur lesquelles chacun vient faire feu ! Ne cherchez pas ailleurs que dans la misère, qui est le partage du plus grand nombre dont vous vous occupez si peu, si ce n'est pour lui demander le fruit de son labeur, ou pour chercher le moyen de le réprimer, parce qu'il crie quand on l'écorche ; ne cherchez pas, dis-je, ailleurs que dans la misère la cause de la chute de tous les gouvernans dont tous êtes les successeurs. Vous deviez pourtant y regarder de près ; puisque le gouvernement établi par vos soins éprouvera le même sort que ceux qui l'ont précédé, et d'autant mieux que celui que vous avez élevé sur le pavois possède les qualités les plus rares, les vertus les plus éminentes. Hé ! mon Dieu, vous ne lui trouverez jamais autant de mérite que je lui en reconnais ! Mais dites-moi, s'il vous plaît, quel est le mérite, quelles sont les qualités, que'les sont les vertus qui préservent de la rage d'une multitude affamée, du fer ou du plomb d'un fanatique, de la fureur ou des dédains des partis, des jugemens des Cours prévôtales ou des commissions militaires, des arrê s des tribunaux révolutionnaires, de la justice criminelle d'une Cour des Pairs et enfin de la FUSILLADE et de la GUILLOTINE !... Vous avez vu tomber la bonté, l'homme de bien dans Louis XVI, la grace, la beauté dans Marie-Antoinette, la vertu et le talent dans la Gironde, l'enthousiasme et le dévouement frénétique de la liberté chez les Montagnards, la corruption dans le Directoire, la gloire dans Napoléon, la persérance et la finesse chez Louis XVIII, le bon cœur et les sentimens chevaleresques sous Charles X. Tous ont employé de bonne foi les moyens politiques qu'ils ont cru les plus propres dans leur idée à faire le bien général, et tous se sont perdus ! Continuez votre route, si vous tenez à voir échouer à leur tour l'adresse, les vertus privées et le courage civil dans la personne de Louis-Philippe ; car d'autres sont tout prêts à lui succéder et qui subiront le même sort en dépit de toutes les inviolabilités qu'on insérera dans les *chartes vérités*, *octroyées* ou autres ! Vous avez, dites vous, un recours efficace dans la force et dans la morale. Hé bien, fiez-vous à la morale ! quand à la première pléthore industrielle, on vous répondra, ventre affamé n'a pas d'oreilles ; ou bien à la première famine quand de toutes parts, et non plus d'un point isolé, le désespoir aura inscrit sur les drapeaux de la misère, *vivre en travaillant ou mourir en combattant*...Vous m'en direz des nouvelles ! Quant à la force sur laquelle vous comptez, apprenez de moi une chose à laquelle vous n'avez sûrement pas encore pensé. C'est que ce qui sert à défendre un pouvoir est positivement ce qu'il faut pour le renverser. Et comme c'est avec des fossés qu'on prend une ville défendue par des fossés, souvenez-vous que le fusil au moyen duquel vous tenez les malheureux sous le joug, doit servir aussi à vous étendre sous leurs pieds !... Et le moment est proche... Écoutez-moi.

Auriez-vous oublié ce qu'en dix ans de votre jeunesse vos rhéteurs vous ont appris de l'empire romain ? Arrivés au faîte de la puissance et de la richesse sans se mettre en peine des petits qui alors étaient esclaves, ceux qui les gouvernaient, pour se débarrasser du soin et des dangers de veiller aux incursions des barbares s'étaient confiés à des mercenaires. Mais bientôt ceux-ci étant devenus leurs maîtres, laissèrent entrer chez eux les barbares qui les dépouillèrent entièrement. Hé bien! quand vous n'avez sous vos drapeaux que ceux qui n'ont pas vingt-cinq louis pour se faire exempter du service, que ceux que vous y retenez par le mensonge et la violence : par le mensonge en leur promettant des grades, des honneurs, de la gloire que vous savez bien qu'il vous est impossible de leur donner à tous, et par la violence, au moyen des supplices; quand vous n'avez sous vos drapeaux que ceux à qui vous faites un devoir, un point d'honneur de défendre des propriétés dont ils n'ont tout au plus que quelques misérables lambeaux, vous appelez cela de la force ? et lorsque par rapport à leurs fonctions civiles les plus riches d'entre-vous et aussi d'autres riches pour raisons à eux connues, s'exemptent du service de la garde nationale et que les fusils sont aux mains des classes gênées et pauvres s'ils ne sont pas tout-à-fait entre les mains des indigens, vous appelez cela de la force ?... Je ne vous dirai pas : les barbares sont aux portes de Rome; je vous dirai, moi, vous êtes des barbares; vos ennemis, la misère et le besoin, sont dans vos villes et dans vos villages. Ils veillent l'arme au bras à la garde de vos coffres-forts... Et ces coffres-forts qui sont pour vous l'unique objet de vos sollicitudes et pour eux celui de leur convoitise, avant peu ces coffres-forts auront passé de vos mains dans les leurs !!! Croyez donc bien qu'à défaut des connaissances intellectuelles que vous donnez aux classes gênées et pauvres sans y joindre le bien-être, croyez donc bien que le simple bon sens leur apprendra qu'en définitive ceux qui ont les armes à la main ont le pouvoir. Et comme ils savent déjà qu'en brûlant une amorce ou qu'en vous présentant la pointe des baïonnettes que vous leur avez confiées, ils vous feront rentrer dans les trous de vos caves, si toute fois vos empanachemens vous le permettent, hâtez-vous d'ouvrir les yeux et de sonder les profondeurs de l'abîme sur lequel vous marchez; car vous n'avez que le temps nécessaire pour vérifier si mes prévisions et mes calculs sont justes et puis encore pour compter si les blouses et les sabots dont vous vous êtes servis pour vous partager les habits brodés des talons rouges, sont assez nombreux pour qu'à leur tour vos bottes et vos fracs soient aussi crossés et déchiquetés par eux !... Et la voix se tut. Et à l'instant l'histoire déchira les feuillets de son registre et ces feuillets, qui volaient de toutes parts entre les mains du peuple, contenaient le détail des maux dont celui de France avait été victime, les sommes perdues au moyen des expériences de tous ceux qui depuis un demi-siècle et quoique dans les meilleures intentions du monde n'avaient fait que le pressurer de toutes les façons en augmentant sa misère, tandis qu'avec ces sommes employées en révolutions, en batailles gagnées ou perdues, en ravages de toutes sortes et aussi au moyen de ces manques à gagner dont le total s'élevait à des milliers de milliards, on aurait pu bâtir sur le territoire de la France, à la place des chétives cabanes de nos 36,000 communes rurales, 18,000 palais aussi grands et aussi beaux que le château des Tuileries, ou avec du travail, de l'ordre et de l'économie, en outre qu'on aurait arraché tous les nécessiteux (1) à la misère, on serait parvenu

____

(1) Nous vous accordons bien volontiers, me dit-on de toutes parts, que, réunis dans un même

à retirer tous les enfans trouvés du besoin et de l'ignominie, toutes les prostituées de la prostitution, tous les forçats du bagne et même à rendre ces derniers aussi honnêtes que leurs juges.

Et le peuple, qui d'abord avait applaudi, à leur passage, et les amis de la sagesse, et les Orateurs, et les Girondins, et les Montagnards, et les Thermidoriens, et le Directoire, et le Consulat, et l'Empire, et la Restauration, et les Cent-Jours, et la Légitimité et la Révolution de Juillet; et le peuple s'apercevant alors qu'il n'avait jamais été tiré d'un danger que pour tomber dans un plus grand, qu'en toutes circonstances il avait été dupe tout aussi bien que ceux qui l'avaient guidé et que la science politique de tant de gens n'était qu'une véritable ineptie dont il n'y aurait qu'à rire, si ses résultats n'étaient pas aussi funestes, le peuple se mit à interpeller ses différens conducteurs.

Et à la fois, et de mille lieux divers, j'entends la clameur que formaient les millions de voix du peuple; et ces voix disaient : avec la Liberté, vous nous avez tous promis la paix, l'abondance et le bien-être... De quelle liberté avons-nous joui? celle de mourir de faim avec nos femmes et nos enfans!!! L'abondance! avons-nous l'abondance! voyez les taudis, les galetas qui nous servent de réfuges, les lambeaux qui nous

---

local, le concours incessant de quatre à cinq cents familles vers un même but, LA PRODUCTION, procurerait aux personnes ainsi rassemblées une aisance incalculable, puisque produire plus et dépenser moins est le résultat naturel de toute association qui a le travail pour objet. Mais les passions s'opposeront toujours è ce que les humains s'accordent entre eux.

Alors, vous pensez qu'il eût été préférable pour tous les individus de notre espèce d'être du même sexe et taillés tous sur un seul patron, ce qui ne serait pas du tout monotone comme vous pouvez croire; et qu'ayant fait les passions en majeur et en mineur, ne vous en déplaise, et justement comme les deux modes de la musique, vous en déduirez, mes chers interlocuteurs, sauf votre respect, que Dieu est un sot! Ne vous scandalisez pas de la conclusion : on a dit de lui niaiserie plus grande. Mais sur quoi appuyez-vous votre raisonnement, s'il vous plaît? Sur des on dit, qu'on vous a dit qu'on avait dit. Vous vous contentez à bon marché et je vous en félicite. Mais moi qui ne m'en rapporte qu'à l'observation, et bien convaincu, comme l'a si spirituellement exprimé Rossini à Michel Raymond, que si toutes les notes sonnaient en *ut*, nous n'aurions pas la *Gazza Ladra*, vous me permettrez de conclure, contrairement à vous, que Dieu a bien fait tout ce qu'il a fait (et il a tout fait quoique vous en puissiez dire), et que toutes mal dirigées que soient par nos docteurs les passions qu'il nous a données, ces passions tant décriées par vous sont la seule cause du peu de bien qui se fait en ce monde, et qu'enfin sans les passions il n'y aurait pas d'humanité! Non, Messieurs, sans les passions que vous croyez sûrement ne point avoir, à l'exemple de ceux qui niaient la pesanteur de l'air; sans les passions vous n'auriez pas de pères; sans les passions, vos mères ne vous auraient pas conçus et nourris dans leur sein; elle ne vous auraient pas allaités, elles n'auraient pas trouvé de charmes à vous soigner quand vous n'étiez rien moins qu'attrayans pour d'autres que pour elles. Sans les passions, auriez-vous la religion, la poésie, la musique, la danse, l'architecture, la sculpture et la peinture? Auriez-vous le théâtre, la tribune, les journaux! Sans les passions, quel besoin sentiriez-vous de manger et de vivre! Eh bien! je con-

couvrent, les maladies qui nous dévorent, les fatigues qui nous accablent, les chagrins, les regrets, qui nous rongent et les privations qui nous épuisent! Voyez les maux qui affligent nos mères et nos épouses; voyez le besoin qui trace en caractères indélébiles sur la face de nos enfans les stigmates de l'infortune et de la souffrance, résultats de notre organisation sociale et de vos sytêsmes politiques! Et la paix, l'avons-nous, quand chaque jour assiégeant les bouges dont il semble que vous éprouveriez de la peine à nous voir sortir, la misère apporte la discorde dans nos familles! la paix l'avons-nous, quand la libre concurrence en amenant une rivalité qui réduit de plus en plus nos salaires, lorsque la mécanique et la vapeur fonctionnant pour vous et contre nous, chaque jour nous voyons diminuer notre labeur? Peut-il y avoir pour nous du bien-être quand de toutes parts on entend répéter que la guerre est un mal nécessaire, que la population est trop grande? peut-il y avoir pour nous du bien-être lorsque nous sommes assurés que nos fils sont destinés à joncher la terre de leurs corps ensanglantés, que les cinq sixièmes de nos filles sont vouées en naissant à la prostitution publique ou privée

---

sens avec vous qu'il faille réprimer les passions. Vous m'avez accordé déjà une grande supériorité en économie domestique et en production, vous l'aurez de même pour l'application de vos systémes répressifs, jusqu'à ce que vous ayez été bien convaincus qu'ils sont fort inutiles, car si Dieu eût jugé le châtiment nécessaire, vous devez bien penser qu'il s'en serait autrement et bien mieux acquitté que vous. Mais, puisque vous y tenez, nous aurons la *salle de police*, le *carcere-duro*, voire même la brigade de gendarmerie dans la maison commune..... Eh bon Dieu! qu'à cela ne tienne! Quelqu'un dans la réunion collective se rend-il coupable? Il est passible des lois. J'ai dit qu'il fallait organiser le travail, je n'ai pas dit qu'il fallût détruire ce qui est bon et qui nous a coûté tant de peines! Mais le coupable, en subissant sa condamnation au milieu de nous, sera traité avec humanité... S'il y a amende, elle sera prélevée sur ce qu'il possède, et au moins la femme et les enfans du coupable, qui continueront à travailler, n'éprouveront aucun tort dans le moindre de leurs besoins. Que devient au contraire le coupable dans nos prisons civiles? D'apprenti voleur, il devient voleur expert et de là meurtrier. Sa femme, de trois choses l'une : elle mendie, vole ou se prostitue, et souvent les trois à la fois. Quant aux pauvres enfans, qui se charge de leur faire éviter les dangers de la condition affreuse où sont parvenus leurs pères et mères? Et s'ils y arrivent jeunes, comme cet adolescent qu'un geolier préféra enfermer avec seize femmes plutôt qu'avec pareil nombre d'hommes, parce qu'entre deux prostitutions, ce geolier trouvait l'une préférable à l'autre!... Voyez quelle instruction pour les enfans du malheur... Connaissez-vous quelque chose de plus ignominieux et de dégoûtant que ce revers de la civilisation! Et cependant, si vous y tenez, mes chers interlocuteurs, je ne crois pas que ce soit positivement pour cela. Eh bien donc, lorsqu'au moyen des réunions collectives que je propose, en vous débarrassant de toutes ces infamies sociales, je fais le bonheur de tous les nécessiteux, non-seulement en assurant le vôtre, mais encore en l'augmentant, attendrez-vous pour vous décider en faveur de ce qu'il y a de plus légitime au monde, le repos, le bonheur de l'humanité, l'Eurythmie en un mot, attendrez-vous, dis-je, que la vague des révolutions vienne encore pour vous laisser nus sur la plage, comme il est arrivé à ceux qui nous ont précédé? C'est qu'alors il ne serait plus temps pour vous. Réfléchissez-y donc!.....

et que les deux tiers de la progéniture de nos grandes villes est le résultat de la fornication et de l'adultère ? Qu'avez-vous opposé à tant d'infortunes? vous nous avez dit que nous étions tous égaux!... Si nous étions tous égaux... auriez-vous pris tant de peines pour vous élever au-dessus les uns des autres après nous avoir poussés à abattre ceux qui étaient au-dessus de vous? Vous nous avez dit tous, que nous étions frères! si nous étions tous frères, pourquoi nous auriez-vous tous laissés en proie à l'infortune?... Des frères se doivent secourir ; qu'avez-vous fait pour nous?... Vous nous avez tous dit que nous étions frères! nous l'aurions pu croire si nous vous avions vu travailler à l'œuvre de notre génération ; mais n'ayant jamais fait autre chose que de vous servir de nos cadavres pour arriver au pouvoir et pour vous y maintenir, nous ne pouvons vous considérer que comme nos meurtriers ! ! ! Arrière donc...

Et le peuple se mit aussitôt à chercher dans le travail le moyen d'augmenter la production du sol dans le but de faire cesser ses tourmens et sans plus se mettre en peine des 40,000 contradictions de ses législateurs. Mais les derniers qui, de même que leurs prédécesseurs, n'avaient vu de la misère publique que ce qui était nécessaire pour faire tomber ceux qui leur faisaient ombrage, voyant que le peuple marchait à son but sans s'occuper d'eux, se prirent à dire : gendarmes, qu'on le mette en prison... Mais il n'y avait plus de gendarmes ; car ayant vu le peuple se réunir pour obtenir le *centuple* en ce monde (1), les gendarmes avaient fait cause commune avec lui.

Et ceux qui se présentaient à la Patrie Reconnaissante comme les sauveurs de la France, appelèrent à eux les soldats. Mais les soldats avaient forgé leurs armes en contre des charrues, et au lieu d'être exercés au travail destructif, d la bataille, ils s'exerçaient au travail productif de la terre, ce qui avait un résultat bien différent pour eux; car les moins habiles étaient traités à raison de leur travail comme les autres journaliers qui avaient facilement le sextuple du salaire qu'ils avaient reçu jusque-là avec tant de peine, ce que les soldats trouvaient bien préférable au pain de munition, à la salle de police, au cachot et autres menus agrémens de la caserne, avec ce qui s'en suit... Les soldats firent la sourde oreille.

Et les nouveaux législateurs s'adressèrent à la garde nationale; mais les gardes nationaux après avoir compris que le résonnement des canons et des fusils n'était pas du tout un moyen de s'entendre, avaient préféré au maniement d'armes les chemins de fer et les télégraphes, de sorte qu'il n'y avait plus aucune distance entre les habitations des humains, que tous s'entendaient, tous s'entraidaient comme des frères et que personne n'avait intérêt à les tromper.

Et les sauveurs de la France, après s'être inutilement adressés aux sciences des amis de la sagesse pensèrent à la religion. Mais les princes des prêtres dont ils avaient rogné le budget leur tournèrent le dos en leur disant : Dieu vous assiste et quand au reste du clergé, comme il avait bien vu que les soins à donner au centuple produit en ce

---

(1) Voyez la *Deuxième Lettre sur l'Eurythmie.*

monde, n'empêchait pas la culture de la vigne du Seigneur et bien au contraire, il avait fait cause commune avec le peuple.

Et les bourgeois qui comptaient si bien avoir part aux largesses de la Patrie Reconnaissante étaient dans la consternation et ne savaient plus de quel côté se tourner, d'autant mieux qu'ils pensaient être hués par ceux dont ils avaient pris la place et qui les avaient attentivement considérés depuis le commencement de ces scènes. Mais ceux-ci devenus sages par leurs propres malheurs, s'approchèrent des législateurs de la bourgeoisie et leur dirent en leur tendant la main : oublions nos vieilles querelles et réunissons nous aux autres classes du peuple à qui notre concours sera aussi utile que le leur nous est nécessaire, puisque aussi bien hors la voie qui nous est offerte il n'y a pour vous et pour nous qu'heur et malheur, comme vous en pouvez juger par l'expérience que nous en avons faite, sans garantie pour l'avenir de ne pas être plus mal traités. Et la conciliation générale eut lieu, parce que la production sur laquelle reposait cette conciliation générale, avait pour base la Liberté, la Justice et la Vérité, sans lesquelles il ne peut y avoir que misères et tourmens pour toutes les individualités, qu'elles quelles soient qui composent l'espèce humaine.

Ah! bon Dieu, dit Madelon, quelle peur j'ai eu quand le peuple criait après ces pauvres bourgeois ; j'en suis encore toute tremblante, je croyais qu'ils allaient être *épiautés* tout vivans. Et nous aussi, dirent les autres veilleuses, nous pensions bien que c'était leur dernière heure ! Ils l'avaient bien mérité les misérables, dit Jean Ledru : le peuple est toujours trop bon ! Et leurs femmes et leurs enfans reprit-on de toutes parts, étaient-ils cause de l'erreur de leurs pères? Jean Ledru, repris-je, le peuple est bon ; mais quand il se laisse entraîner à des actes de violence il en est toujours victime. Voyez donc si en cette circonstance les classes gênées et pauvres se fussent vengés des classes moyennes, aisées et riches, elles auraient attiré sur elles des inimitiés et des représailles qui comme toujours n'auraient fait qu'augmenter leur misère. En se livrant au contraire au travail collectif qui peut seul anéantir leurs tourmens, elles font arriver les autres classes vers elles ; les autres classes avec qui elles trouvent richesse et bien-être ! Lequel des deux est préférable, je vous le demande ?

La leçon est bonne, dit Jean Ledru et j'en profiterai. Nous en profiterons tous, répètent les autres camarades ; car j'avais levé la séance, la chandelle étant sur le point de finir. Chaque veilleuse alluma sa lanterne, prit son rouet et on sortit en masse de la veillée ; non pas qu'on eût positivement peur ; mais dans la crainte de rencontrer si près du cimetière les figures de pierre que j'avais cru voir agir sur le nouveau fronton de Sainte Geneviève de Paris.

Bruyères-le-Châtel, Décembre 1837.

On souscrit aux Lettres sur l'Eurythmie moyennant 2 fr. 50 c. pour six Lettres qui paraissent à des époques indéterminées. S'adresser FRANCO, chez l'Auteur, à Bruyères-le-Châtel (Seine-et-Oise).

A. Guyot, Imprimeur du Roi, rue Neuve-des-Petits-Champs, N° 37.